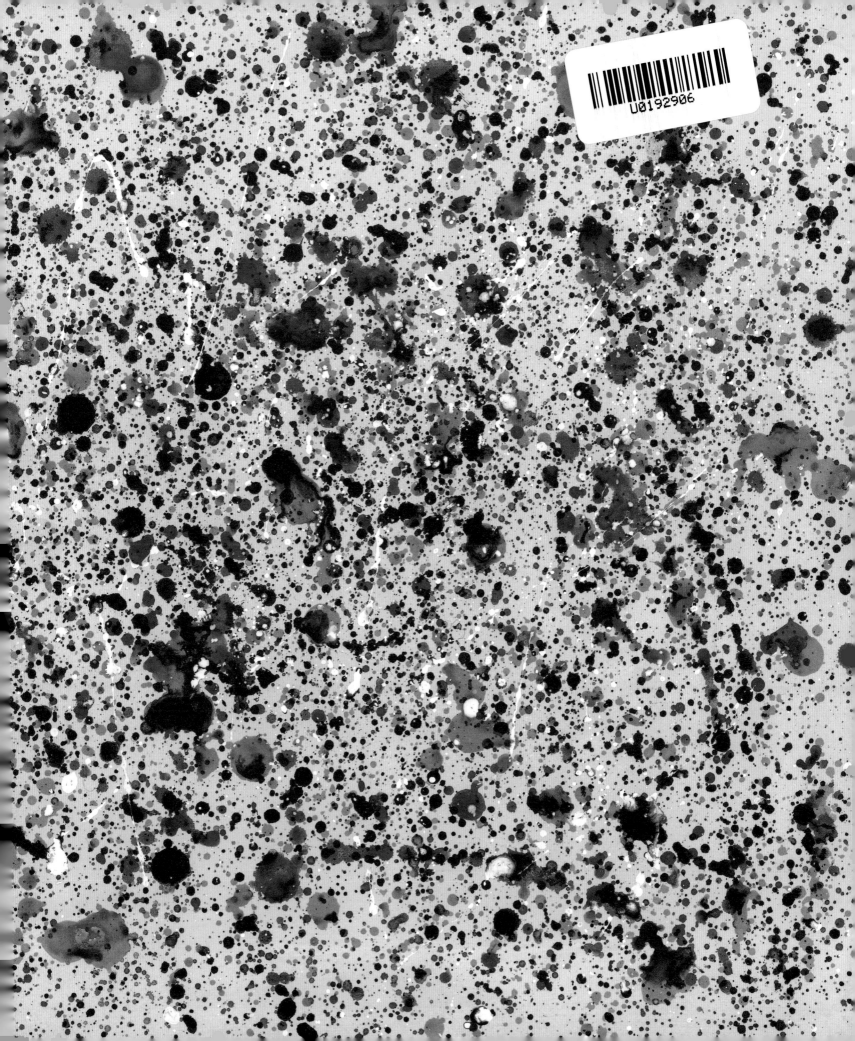

献给约翰尼·巴克罗夫特，感谢你无尽的好奇心。
——凯瑟琳·巴尔

献给琼恩和莉兹，我爱你们！
——史蒂夫·威廉斯

献给我的妈妈，爱您不竭，感恩不尽。
——埃米·赫斯本德

发 明
小 历 史

[英]凯瑟琳·巴尔　史蒂夫·威廉斯　著

[英]埃米·赫斯本德　绘

漆仰平　译

广西科学技术出版社

轮子第一次转动是在遥远的**青铜时代**。当时的陶工通过旋转扁平的**轮盘**，带动手中的陶罐旋转成形。

经过漫长的时间，人们发明出可以套在马匹身上的挽具，又发明了能让轮子在车身下转动的方法。正是有了这些发明，小推车才摇身变成了有**辐条车轮**，并且能够加速的战车。这些战车一路颠簸，穿越亚洲，抵达埃及。在那里，战车和弓箭手结合，吱扭作响的轮子从此改变了战争的历史。

当心我的耳朵！

燃料

公元前3500年

古罗马人为战车通行修筑了平坦的道路，英国人为自行车发明了**橡胶轮胎**。如今，各式各样的轮子在地球上滚动，甚至在火星上旋转。

很久以前，人们在夜晚时根据**星辰的位置**来辨别方向，可是一旦遇上阴天，这个方法就行不通了。直到有一天，一块神奇的石头帮人们解决了这个问题。

磁石

磁石是一种天然磁化的石头。古人用磁石磨制成一只圆底的**勺子**，再将勺子放在光滑的铜盘上自由旋转，等它静止下来时，勺柄就会指向南方。这就是中国早期的**指南针**——司南。后来，指南针传到欧洲，水手利用它在大海上判断航向。

公元前500年

随着时间的推移，磁化的**铁针**逐渐取代了原先司南中的磁石，人们设计出了适用于空中、陆地和海洋的指南针。今天，人们利用**GPS**（全球定位系统）就可以轻松找到自己的确切位置。

在中国的东汉时期，有个官员叫**蔡伦**。他将树皮、麻头、破布和旧渔网等做原料，加入草灰水制成纸浆，再把纸浆摊平、风干，造出了**纸**。古人用纸来抄写重要的典籍。

纸比丝绸更**便宜**，比竹子更**轻便**，越来越多的人开始在纸上写写画画。但在同时期世界上的其他角落，仍然有人将兽皮作为书写材料。

后来，欧洲发明了**印刷机**，它将一张张纸变成了一本本书，供世界各地的人们阅读学习。从此，人们编写的小说、创作的诗歌、发布的新闻都通过纸得到了更广泛的传播。

到喝茶的时间了?

在古代，人们利用太阳影子的方向和长度来测量时间，这种计时器叫作**日晷**。可是遇到阴天时，这种计时器就指望不上了。为此，聪明的古人又发明了**沙漏**、**蜡烛钟**和**漏壶**等计时器。

中国古人苏颂、韩公廉等人制造了世界上第一台精确的计时器——**水运仪象台**。它带有一个靠水力驱动的计时装置，水流会带动仪器转动，触发自动报时装置。公元725年，中国制造了世界上最早的**时钟**。大约14世纪，欧洲出现了最早的机械式时钟，其最初的作用是提醒僧侣们祈祷的时间到了。不久后出现了有钟摆的时钟，可是一旦人们忘记给钟上弦，时钟就不会嘀嗒作响了。

水运仪象台

725年

摆钟

后来人们发现了一种叫作石英的**矿物**，用石英晶体制成的振荡器可以带动表针指示时间，这就是石英钟。目前世界上最精确的计时器是**原子钟**，精度可以达到每30万年只偏差1秒。

表针移动指示时间

随着时间的推移，地球上的人口不断增长，生存压力使一些国家有了发动战争、对外扩张的想法，这时各国士兵挺身而出，保卫国家。起初他们使用冷兵器作战，直到**火药**被运用到作战中。利用了火药的新型武器永远地改变了战争的模样。

　　火药是中国古代**四大发明**之一，它是炼丹术士在炼制丹药时无意间发明出来的。这种神秘的黑色粉末沿着**丝绸之路**传到了欧洲以及更遥远的地方。

　　火药为中世纪的**枪炮**提供了弹药，也是导致现代军队产生的重要原因。现在，人们利用火药让**烟花**噼啪作响，在黑夜中闪耀长空。

煤炭曾经引发过一场工业革命，它极大地推动了人类文明的发展。在人们将煤炭用作蒸汽机的燃料之前，机器运转、交通运输和制造工具都是依靠**水力、风力和畜力**的。

呜！呜！

1712年

英国发明家托马斯·纽卡门发明了世界上第一台实用型**蒸汽机**，主要用于解决矿井抽水的动力问题，这给在地下深处工作的矿工提供了更安全的工作环境。不久后纺织工厂开始使用新式蒸汽机生产，由这些吵闹的大家伙编织出的丝绸和棉布通过商船销往世界各地。

天啊，难闻的烟味！

目前，全球大部分电能的主要来源仍然是煤炭和石油。但是，这些化石燃料正在污染大气环境。于是，人们再一次利用水和风，来应对严峻的环境危机。

太阳能板

　　工业革命期间，一些疾病悄然在拥挤的城市中蔓延。其中，**天花**是极具传染性的疾病。神奇的是，一位英国医生发现当地的挤奶女工很少患天花这种疾病，但却感染了一种没那么致命的病毒——**牛痘**。医生推测可能是牛痘使她们免受天花这个"斑点怪物"的伤害。

1798年

　　这位英国医生由此得到启发。他在一个男孩身上接种牛痘，再给他接种天花。结果，男孩并没有染上天花。通过这项实验，医生发明出人类历史上**第一种疫苗**。久而久之，人们再也不用担心感染天花了。

　　时至今日，疫苗挽救了亿万人的生命。新的疫苗不断问世，科学家们仍在努力研制针对某些致命疾病的疫苗。

人类早在远古时代就发现了**电现象**。这种奇怪的现象激发了人类的无限好奇，科学家们一直在努力捕捉电的**无形能量**。

电动机的发明最终向世界证明电是多么伟大的发现，人类历史从此步入一个新的时代。

1821年

电灯照亮了昏暗的家，伴随这项发明，工厂出现了夜班。现在，夜晚的城市**灯火通明**，我们的星球在太空中**闪闪发光**。然而，在一些国家和地区，仍然有约8亿人盼望着自己的家夜晚能被灯光照亮。

电为人类带来了光明，同时电流还能传输信息。这一发现促成了**电话的发明**。声音被转换成电子信号，通过铜线传输，人与人之间不见面就能实现沟通。

随着一条**巨大的电缆**在大西洋海底铺设成功，英国和美国之间的通信更加便利。人们拿起电话交流信息，分享自己的故事。**通信网络**逐渐覆盖世界各地。

世界上**第一部智能手机**"西蒙"看起来有些笨重，不像现在的手机那样方便携带。如今，智能手机的普及将世界各地的人联系起来，彻底改变了人们的**通信方式**。

人们用电话可以随时聊天，想要见面却仍需要很长时间。最初人们乘**马车**或**蒸汽机车**进行长途旅行，但脏乱和吵闹的环境总是带给人不好的旅行体验。

汽油机的发明让**汽车**出现在人们眼前。第一批汽车生产时一次只能制造一个部件，价格非常昂贵。当汽车从工厂里批量生产出来时，大家纷纷购买，随着汽车的普及，世界各地的交通开始变得**拥堵**。

1886年

曾经，马粪把道路弄得又脏又臭。汽车被发明后，尾气却让空气变得更加糟糕，并且加剧了**全球变暖**。尽管今天有了更环保的**新能源车**，但气候已经发生了很大的变化。保护我们的肺，保护我们赖以生存的地球家园将是越来越艰巨的挑战。

无人驾驶汽车

大地上已经布满四通八达的道路，可天空中却只有鸟儿在飞翔。1903年，奇迹发生了：美国的莱特兄弟成功试飞了世界上**第一架飞机**。这项伟大的发明改变了人类的交通方式。

　　此后二三十年，飞机运送的都是**包裹**和**信件**。后来，乘客们登上了飞机，大型喷气式飞机让旅行变得舒适而且便宜，人们还可以鸟瞰风景。

1903年

人们渴望更进一步去探索遥远的宇宙。于是，人类发明了**火箭**，并把它发射到太空。太空中还有很多**人造卫星**。一些失去效用的卫星变成了飘浮在太空中的垃圾。

今天，科学家们正在寻找其他适合人类生存的星球，一些人梦想着未来可以前往火星生活。

现在地球上的生命几乎都在与**塑料**作斗争。塑料似乎很神奇，因为它可以是坚韧的或是柔软的，可以是薄的或是厚的，可以是彩色的或是透明的；它还可以防水，而且价格低廉。**塑料被发明后，迅速成为人类社会最有用的材料之一。**

尽管塑料给我们的生活带来很多便利，但有些塑料经过数百年仍不降解。它正在堆积，逐步污染我们的星球。被丢弃的塑料会顺着排水沟流入河流，甚至被卷入海洋深处，直接危害河流和海洋中的生物。

我们可以**拒绝使用**一次性塑料制品，并将塑料**回收利用**，这样就可以为保护环境带来巨大的帮助。

人们一直想要发明一台机器来处理复杂的数学运算，起初它只是纸上的一个想法，这台想象中的机器并没有被制造出来，因为当时的技术很难让这个设想实现。但是人们非常期待它的功能在未来可以实现。

在现代社会，计算机能够处理复杂的信息，帮助我们认识世界，让我们更加了解我们自己。它被用来**绘制地图**、**控制交通**、进行**天气预报**，协助人类**防范风险**。

太快了，简直不可思议！

直到1942年，第一台**电子计算机**诞生。此后，功能强大的计算机改变了人们的生活。有些人猜想这些神奇的机器也许有一天会和人类一样聪明。

世界大战爆发，士兵们在战争中奋力反击，科学家们在遥远的实验室中研究原子的神秘力量。最终，科学家们创造了具有极大杀伤力的炸弹——原子弹。

1945年

第二次世界大战中，仅2枚**原子弹**就夺去了日本20余万人的生命。这两次爆炸震惊了世界，成千上万的人为了和平上街游行，呼吁禁止使用原子弹。

然而，**核武器**的研制并未停止。大多数国家都希望拥有一个和平的环境，这需要世界各国的共同努力。

电脑为我们提供了科学决策的依据。随着科技不断发展，**互联网**技术改变了我们分享知识的方式，也改变了我们交谈和倾听的方式。

今天

电脑有许多神奇的功能：它可以预测我们的感受和行为，可以播放让我们心情舒畅的音乐。你知道吗？地球上最小的计算机比**一粒米**还要小，却可以测量细胞的温度。

未来的电脑将比我们想象的**更小、更聪明**。那么，人类将如何利用它们来照顾彼此、保护地球呢？也许有一天，你也可以参与电脑的发明设计。

词 汇 表

青铜时代——考古学上指石器时代后、铁器时代前的一个时代。中国在青铜时代已建立奴隶制国家，有相当发达的农业和手工业，并已有文字。

指南针——中国古代四大发明之一，主要组成部分是一根可以转动的磁针，磁针在地磁作用下能保持在磁子午线平面内，利用这一性能，可以辨别方向。

GPS——全球定位系统英文的简称，是一种以太空中的人造卫星为基础的导航定位系统。

印刷机——将文字、图画等制版后施墨、加压印于载体（主要是纸张）上的机械。

日晷——古代一种测时仪器，由晷盘和晷针组成。

矿物——由地质作用形成的，一般为结晶态的天然化合物（绝大多数为无机化合物）或单质。

火药——中国古代四大发明之一，可由火花、火焰或点火器材引燃，能在没有外界助燃剂的参加下进行迅速而有规律的燃烧并放出大量气体和热。火药是炸药的一类。

丝绸之路——古代以中国为始发点，向亚洲中部、西部，欧洲及非洲等地运送丝绸等物的交通道路的总称。

蒸汽机——利用蒸汽在汽缸内膨胀，推动活塞运动而产生动力的一种往复式发动机。

疫苗——利用生物体对病原体的免疫应答，以病原体为靶抗原制成的生物制品。接种疫苗可以有效预防和控制传染病。

电动机——俗称"马达"。使电能转化为机械能的电机。

电缆——由一根或多根相互绝缘的导电线芯置于密闭护套中构成的绝缘导线。用于传输电能或电信号。

全球变暖——全球平均气温升高的现象。

火箭——利用火箭发动机推进的飞行器，自身携带工作所需要的全部能源和工质，不使用空气等外界介质产生推力，可以在大气层内外飞行。

塑料——以合成的或天然的高分子化合物为主要成分，可在一定条件下塑化成形，产品最后能保持形状不变的材料。

核武器——一种能释放巨大能量并产生爆炸，具有大规模杀伤破坏作用的武器。

互联网——泛指多个计算机网络互相连接而成的一个大型网络。因特网是最大的互联网。

著作权合同登记号　　桂图登字：20-2020-161号

图书在版编目（CIP）数据

发明小历史／（英）凯瑟琳·巴尔，（英）史蒂夫·威廉斯著；（英）埃米·赫斯本德绘；漆仰平译．—南宁：广西科学技术出版社，2020.7
ISBN 978-7-5551-1373-7

Ⅰ.①发… Ⅱ.①凯… ②史… ③埃… ④漆… Ⅲ.①创造发明－技术史－世界－儿童读物 Ⅳ.①N091-49

中国版本图书馆CIP数据核字（2020）第097000号

FAMING XIAO LISHI
发明小历史

［英］凯瑟琳·巴尔　［英］史蒂夫·威廉斯　著　　　［英］埃米·赫斯本德　绘　　漆仰平　译

责任编辑：蒋　伟　　　　　　　　　　　　助理编辑：邓　颖
装帧设计：于　是　　　　　　　　　　　　内文排版：孙晓波
版权编辑：尹维娜　　　　　　　　　　　　营销编辑：芦　岩　曹红宝
责任校对：张思雯　　　　　　　　　　　　责任印制：高定军

出 版 人：卢培钊　　　　　　　　　　　　出版发行：广西科学技术出版社
社　　址：广西南宁市东葛路66号　　　　　邮政编码：530023
电　　话：010-58263266-804（北京）　　0771-5845660（南宁）
传　　真：0771-5878485（南宁）

经　　销：全国各地新华书店
印　　刷：北京华联印刷有限公司　　　　　邮政编码：100176
地　　址：北京市经济技术开发区东环北路3号
开　　本：889 mm×1194 mm　1/8　　　　印　　张：5
字　　数：50千字
版　　次：2020年7月第1版　　　　　　　　印　　次：2020年7月第1次印刷
书　　号：ISBN 978-7-5551-1373-7
定　　价：49.80元

版权所有　侵权必究